Wie kommt die Haut auf die Milch?

Warum leuchten Ziffernblätter im Dunkeln?

Warum schrumpeln Finger beim Baden?

Wie kommt das Blei in den Bleistift?

Warum steigen Strohhalme in Sprudelflaschen hoch?

Wer räumt im Weltall den Müll auf?

Was mischt die Betonmischmaschine?

Warum können wir auf Eis rutschen?

Wie wird Mais zu Cornflakes?

Wie funktionieren Solarzellen?

Warum sind Kanaldeckel in der Straßenmitte rund?

Wer lebte auf der Ritterburg?

Warum wird Sahne steif?

Was kann ein Mähdrescher?

Wo hat der Bagger seine Muskeln?

Warum drehen Uhrzeiger von links nach rechts?

Wie gehen Astronauten im Weltall aufs Klo?

Warum lässt Hefe den Teig größer werden?

Wo ist die Musik auf der CD?

Wie funktioniert Sonnencreme?

Wie kommt die Marmelade in den Berliner?

Was stinkt an der Landstraße?

Warum ist Feuerwerk bunt?

Wie hämmert ein Presslufthammer?

Wie sahen die Küchen auf der Burg aus?

Warum sind manche Eier braun und andere weiß?

Warum brennen Glühbirnen – und wann brennen sie durch?

Wie spritzt die Wasserspritze?

Wie kommen die Löcher in den Käse?

Warum saugt ein Staubsauger?

Wie sieht ein Bett im Weltall aus?

Wie entstehen Kartoffelchips?

Was ist ein Theodolit?

Wie gelangen die Worte durch schnurlose Telefone?

Warum lässt sich Geschenkband kräuseln?

Warum müssen wir beim Zwiebelschälen weinen?

Wo kaufte der Ritter seine Rüstung?

Wozu braucht man Egge und Pflug?

Warum sind nasse Sachen dunkler als trockene?

Was fließt durch die Leitungen?

Warum schneiden Messer?

Wie schließt der Reißverschluss?

Warum fallen wir nicht aus dem Looping raus?

Warum ist weiße Schokolade weiß?

Warum werden Glühbirnen heiß?

Haben Astronauten am Wochenende frei?

Warum fällt Brot immer auf die Marmeladenseite?

Haben Ritter jeden Tag gebadet?

Warum sind Seifenblasen rund?

Wie kommt das Salz in den Salzstreuer?

Impressum

Sammelband 1 der Reihe
„Was Kinder wissen wollen“
Velber-Verlag

Illustrationen: Detlef Kersten
Coverfoto: Photodisc
Fotos: Arco Digital Images (31); Bernd Schellhammer (13, 29, 47, 53, 57, 81, 85); Christoph Schmotz (25), Faber-Castell (15); Friederike Stahmann (35, 49, 83); funny-frisch-Werk (71); Hartmut W. Schmidt (9, 11. 17, 21, 27, 37, 55, 63, 73, 87, 90, 96, 101, 105); Infozentrum Schokolade (95); NASA (19, 41, 99); Photodisc (33, 45, 61); Picture Alliance (23, 39, 65, 69, 75, 77, 93, 103); Reinhard Tierfoto (59, 79, 89); Reinhard Wilde (43); Salins (107); Thomas Geiger (51); Vorwerk (67)

Text und Redaktion: Ulrike Berger
Layoutentwurf: Christoph von Herrath
Layout: Anja Schmidt
Repro: Otterbach Medien, Rastatt
PrePress Baun, Fellbach
Druck: Gruppo Olivotto, Italien

Warum glüht die Glühbirne?

50 verblüffende Fragen und Antworten aus Alltag und Technik

velber

Wie kommt die Haut auf die Milch?

Milch besteht aus Wasser, Fett und Eiweißen. Und diese Eiweiße sind schuld an der Haut auf der Milch. Wenn Eiweiße heiß werden, verändern sie nämlich ihre Form. Vorher waren sie kugelig, nun werden sie dünn und länglich: wie ein Wollknäuel, das sich auflöst. Die Eiweißfäden steigen nach oben an die Oberfläche und kleben dort zusammen. So entsteht die Haut auf der Milch!
Wer diese Eiweißhaut nicht mag, kann sie durch einen Trick verhindern. Haltet kurz nach dem Kochen mit einem Löffel einen Eiswürfel in die heiße Milch, dann bildet sich die Haut nicht! Denn so wird an der Oberfläche die Milch kurz kühler und die Eiweißfäden können nicht verkleben.

Übrigens:
Diese Haut ist auch schuld daran, dass Milch überkocht. Denn beim Kochen entsteht Wasserdampf. Der Dampf kann aber nicht durch die Haut nach oben entweichen. Deswegen hebt er die Haut mit hoch – und die Milch kocht über.

Warum leuchten Ziffernblätter im Dunkeln?

Ziffernblätter, die im Dunkeln leuchten, Leuchtsterne und sonstige Nachtleucht-Objekte sind mit einer speziellen Farbe bestrichen. Diese besteht aus Zinksulfid, Kupfer, Chlor und Salz.

Nachtleuchtfarbe ähnelt einer Solarzelle. Auch hier schlägt das Licht Elektronen aus der Farbe heraus. Die Elektronen gehen jetzt aber nicht auf große Wanderschaft durch die ganze Farbe, sondern sie drehen sich nur um sich selbst. Durch dieses Kreiseln beginnen sie zu leuchten. Nachtleuchtfarbe leuchtet also die ganze Zeit, wenn Licht darauf fällt. Aber solange es hell ist, bemerkst du das nicht. Bei Dunkelheit leuchtet die Farbe noch eine Weile weiter. Denn die Elektronen haben noch ziemlich viel Schwung von der Kreiselei. Solange sie sich noch weiter drehen, leuchtet auch die Farbe. Irgendwann kommen immer mehr Elektronen zur Ruhe. Die Farbe wird langsam dunkler und irgendwann leuchtet sie gar nicht mehr – bis erneut Licht darauf fällt und die Elektronen wieder mit ihrem Tanz beginnen können.

60
5
10
15
20
25
30
35
40
45
50
55

Warum schrumpeln Finger beim Baden?

An Fingern und Handflächen, an Zehen und Fußsohlen ist unsere Haut mit viel Hornhaut bedeckt. Hornhaut ist eine dicke Schicht platt gedrückter toter Zellen. Diese toten Zellen saugen sich, wenn du badest, mit Wasser voll.

Dadurch quellen die Zellen auf und werden dick. Jetzt haben sie nicht mehr genug Platz nebeneinander. Also wellt sich die Oberfläche der Haut, damit alle Zellen nebeneinander passen. Und deine Finger wer-den schrumpelig.
Aber warum wellt sich die Haut nicht auch an anderen Stellen des Körpers? Weil dort die Hornhautschicht viel dünner ist als an den Händen und Füßen! Und lebende Zellen quellen nicht auf.

Übrigens:
Das Gleiche passiert auch, wenn du Papier nass machst. Dann quellen die verschiedenen Anteile im Papier auf und passen nicht mehr nebeneinander: Das Papier wellt sich!

Wie kommt das Blei in den Bleistift?

Eines muss gleich klargestellt werden: In Bleistiften war noch nie Blei, sondern immer nur Grafit. Deshalb lautet die Frage eigentlich: Wie kommt der Grafit in den Stift?
Am Anfang stehen lauter kleine Brettchen aus Zedernholz. In diese Brettchen werden Rillen gefräst. Dann wird in diese Rillen Leim gefüllt.
In der nächsten Maschine geschieht der entscheidende Schritt: In jede dieser Rillen wird eine Grafitmine gelegt! Danach kommt ein zweites Brettchen mit Rillen von oben auf das erste Brettchen. Das Ganze wird zusammengeklebt. Anschließend werden aus den zwei geleimten Brettchen die Bleistifte gefräst.
Also wird der Grafit nicht in den Stift gesteckt, sondern zwischen zwei Brettchen gelegt …

Übrigens:
Wenn du ganz genau hinguckst, kannst du manchmal sogar sehen, wo der Bleistift – oder der Buntstift, denn das geht genauso – zusammengeklebt ist! Am besten geht das bei unlackierten Stiften.

Warum steigen Strohhalme in Sprudelflaschen hoch?

In den meisten Fällen sinkt ein Strohhalm zunächst auf den Grund des Glases. Denn er ist schwerer als das Getränk. Aber in Getränken mit Kohlensäure steigt er nach kurzer Zeit gerne nach oben. Das liegt an den Luftbläschen, die sich in dem Getränk bilden. Sie bleiben am Strohhalm hängen und ziehen ihn gemeinsam nach oben.

Ein Experiment:

Fülle ein Glas mit sprudelndem Mineralwasser. Lasse einige Rosinen in das Mineralwasser fallen. Die Rosinen beginnen zu tanzen! Erst gehen sie unter, dann steigen sie wieder auf. Und gehen wieder unter und und und ...
Erst wenn das Wasser nicht mehr sprudelt, ist der Rosinentanz zu Ende.

Fanta
0,5L
Mehrwegflasche

Wer räumt im Weltall den Müll auf?

Rund um unsere Erde fliegen viele Satelliten. Darunter sind inzwischen mehr als 4000 Satelliten, die schon lange nichts mehr zur Erde senden. Dazu kommen noch mehr als 100000 Schrottteile, die größer als ein Zentimeter sind. Diese stammen zum Beispiel von abgeworfenen Raketenoberstufen oder es sind verlorene Schrauben. Und über 200 Mülltüten fliegen aus den ersten Jahren der russischen Raumstation MIR durchs Weltall. Die Umlaufbahnen rund um die Erde sind also zu einer riesigen Müllhalde geworden. Diese Müllteile stellen eine große Gefahr für Raumschiffe dar. Es gibt daher besondere „Weltallkarten“, auf denen die größeren Teilchen aufgezeichnet sind – wie auf dem Foto zu sehen ist. Denn was wie ein funkelndes Lichtermeer aussieht, ist in Wirklichkeit eine Schrottschicht, die unsere Erde umgibt. Wer durchs Weltall fliegt, muss sich diese Karten also genau angucken.

Übrigens:
Die Astronauten der Raumstation müssen ihren Müll immer zurück zur Erde bringen!

Was mischt die Betonmischmaschine?

Die Antwort scheint einfach: Beton! Aber was ist Beton? Beton ist eine Mischung aus Sand, manchmal gemischt mit kleinen Steinen, Zement und Wasser. Zement sieht aus wie graues Mehl. Es ist eine ganz fein gemahlene Verbindung aus gebranntem Kalk und Ton. Wenn Zement mit Wasser verrührt wird, wird er steinhart. Das funktioniert wie bei Gipspulver, das mit Wasser vermischt wird!
Auf die richtige Zusammenstellung kommt es beim Beton an. Zement mit Sand und Kies braucht man für Brücken, Fundamente, Betonwände, Decken und vieles mehr.
Nach 24 Stunden ist dieser Beton so hart, dass man darauf gehen kann. Aber erst nach vier bis sechs Wochen ist er richtig ausgehärtet.

Für den Bau von Mauern braucht man ganz feinen Beton, Mörtel genannt. Das ist eine Mischung aus Zement und Sand. Das wird so lange mit Wasser verrührt, bis es eine schön sämige Masse ergibt. Nun kann man den Mörtel als „Klebstoff“ auf die Steine aufbringen und so eine Mauer aufbauen.

Warum können wir auf Eis rutschen?

Wenn du Schlittschuh läufst, rutschst du nicht wirklich auf Eis, sondern du rutschst genau genommen auf Wasser.
Und das kommt so:
Nur die dünnen Schlittschuh-Kufen berühren das Eis. Genau auf diese kleine Fläche drückt also dein ganzes Gewicht.
So entsteht ein sehr hoher Druck. Die Oberfläche des Eises direkt unter den Kufen schmilzt durch den Druck ein kleines bisschen. Dadurch bildet sich ein hauchdünner Wasserfilm – auf dem du gleiten kannst!

Wie wird Mais zu Cornflakes?

Cornflakes heißen übersetzt „Flocken aus Mais". Damit aus Mais solche Flocken entstehen, wird zunächst mit Wasserdampf die Schale von dem Maiskorn entfernt. Solche Körner ohne Schale heißen „Grits". Die Grits werden gekocht und mit Malz, Zucker und Vitaminen angereichert. Danach müssen sie ganz langsam trocknen. Zum Schluss laufen die getrockneten Grits unter einer Walze durch und bekommen so ihre typische „Cornflakes"-Form.

Wie funktionieren Solarzellen?

Solarzellen siehst du heute an vielen Stellen: auf Taschenrechnern, Parkuhren, Häusern. Meist sind das „Photovoltaik"-Zellen. „Photo" kommt von Licht, „voltaik" heißt Strom. Solche Zellen bestehen aus Silicium. Wenn die Sonne scheint, schlägt das Licht allerwinzigste Teilchen aus dem Silicium heraus – Elektronen.

Diese Elektronen schwirren nun frei im Silicium herum. Mithilfe eines kleinen elektrischen Feldes in der Solarzelle wird erreicht, dass die Elektronen nicht kreuz und quer herumfliegen, sondern sich im Kreis bewegen. Elektronen, die im Kreis herumsausen, sind ein Stromkreis! Solange Licht auf das Silicium fällt, wird dieses Elektronenkarussell immer wieder angeschoben – es dreht sich und erzeugt so Strom!

Warum sind Kanaldeckel in der Straßenmitte rund?

In der Mitte der Straße sind alle Kanaldeckel rund. Das hat einen einfachen Grund: Denn nur so können die Kanaldeckel nie in den Schacht hineinfallen!
Nur am Rand der Straße, genau am Bordstein, macht man eine Ausnahme, damit das Wasser besser von der Straße abfließen kann.

Ein Experiment:

Das kannst du zu Hause ausprobieren. Nimm einmal ein Marmeladenglas: Es wird dir nie gelingen, den Deckel in das Glas fallen zu lassen. Jetzt nimm aber einen Schuhkarton: Obwohl der Deckel größer ist als der Karton, ist es kein Problem, den Deckel diagonal (also wie in der oberen Zeichnung zu sehen) in die Schachtel hineinzustecken!

BUDERUS

Wer lebte auf der Ritterburg?

Auf einer mittelgroßen Burg lebten etwa 60 bis 80 Menschen. 10 bis 15 davon gehörten zur Familie des Burgherrn – Kinder und unverheiratete Verwandte. Dazu kamen etwa zehn Kriegsknechte. Sie waren die Wachen und halfen beim Ausbessern der Mauern. Zur Ernte mussten sie mit anpacken.
Die Hauptarbeit auf den Feldern, in den Weinbergen und in den Wäldern versahen die Knechte. Ihre Frauen arbeiteten auf der Burg als Mägde. Außerdem gab es noch Handwerker: Steinmetz, Zimmermann und natürlich den Schmied, der die Pferde beschlug und die Waffen reparierte.

Auf größeren Burgen gab es Hunderte von Menschen, die viele verschiedene Berufe hatten. Eine solche Burg war wie eine Stadt: Da gab es Schreiber, Töpfer, Ledermacher, Jäger, Barbiere und viele, viele Handwerker mehr, die dort mit ihren Familien lebten.

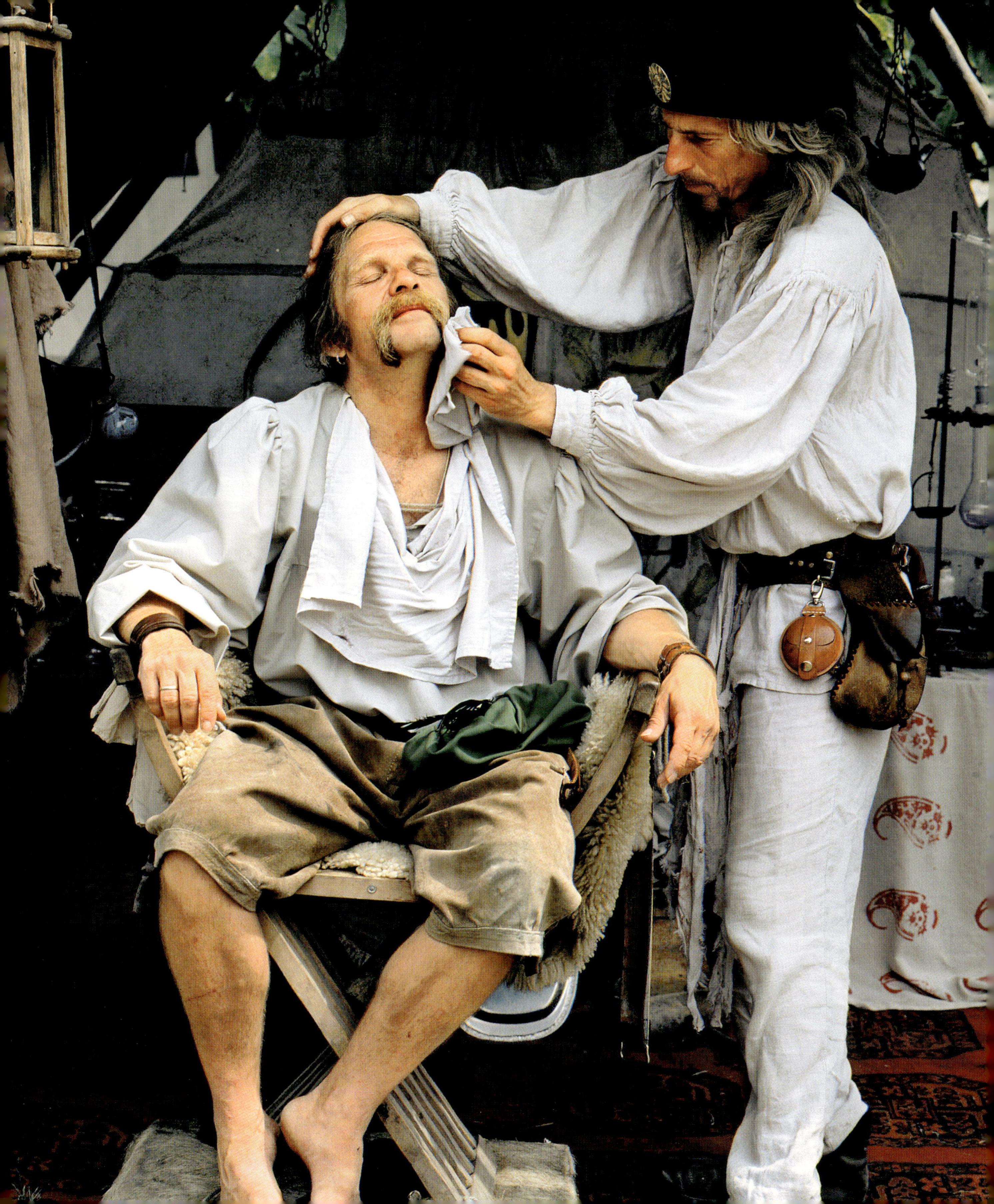

Warum wird Sahne steif?

Sahne besteht aus Wasser und vielen kleinen Fettkügelchen. Diese Fettkügelchen sehen aus wie winzige Stecknadelkissen. Normalerweise schwimmen diese kleinen Fett-Nadelkissen jedes für sich durch das Wasser: Die Sahne ist flüssig.

Wenn die Sahne geschlagen wird, passiert Folgendes:
Ganz viele dieser winzigen Fett-Nadelkissen setzen sich auf eine Luftblase, bis von der Luftblase nichts mehr zu sehen ist: Die Luft ist völlig eingeschlossen. Dann schwimmt dieser große Luftballon durch das Wasser. Aber weil es immer mehr von diesen großen Luftballons aus Fett-Nadelkissen gibt, haben sie bald nicht mehr genug Platz im Wasser – und können nicht mehr schwimmen. Die Sahne ist steif!

Was kann ein Mähdrescher?

Ohne Maschinen dauerte es früher über zwei Wochen, um einen Hektar (etwas mehr als ein Fußballfeld) Getreide zu mähen, die Halme zu Garben zu binden, die Ernte auf den Hof zu fahren und dort zu dreschen (also das Stroh vom Korn zu trennen). Ein Mähdrescher erledigt das heute alles auf einmal und dazu noch in weniger als zwei Stunden – und der Bauer kann die Maschine im Sitzen lenken! So eine Wundermaschine kostet allerdings auch über 75 000 Euro. Deswegen teilen sich oft mehrere Bauern eine Maschine.

Im Mähdrescher ist eine Haspel, mit der die Halme eingezogen werden. Dann folgen Messerbalken, die die Halme abschneiden. Ein Transportband befördert die abgeschnittenen Halme zum Dreschwerk. Hier werden die Körner aus den Ähren getrennt. Ein Schüttler rüttelt die noch verbliebenen Körner aus dem Stroh. Das Stroh wird zur Seite ausgeworfen und später aufgesammelt. Die schweren Körner fallen durch ein Sieb in den Korntank. Spreu und kurze Strohreste werden einfach nach hinten hinausgeblasen.

CLAAS
CLAAS

Wo hat der Bagger seine Muskeln?

Einen Baggerarm kannst du dir vorstellen wie deinen eigenen Arm. Es gibt einen Oberarm, einen Unterarm und eine Hand – die Schaufel. Verbunden sind sie mit drei Gelenken, die der Schulter, dem Ellenbogen und dem Handgelenk entsprechen. An deinem Arm arbeiten Muskeln, um die verschiedenen Knochen deines Arms zu beugen oder zu strecken. Beim Bagger sind hierfür die Zylinderkolben zuständig. Jeder Zylinder kann einen Teil des Baggerarms entweder näher ziehen oder ihn wegschieben. Jeder dieser Zylinderkolben wird durch ein anderes Ventil kontrolliert. Der Baggerführer muss für eine einzelne Bewegung mindestens vier Ventile gleichzeitig steuern!

Die Flüssigkeit, die den Baggerkolben bewegt, ist Öl. An einem Ende wird das Öl in einen Schlauch gepresst. Am anderen Ende des Schlauchs – zum Beispiel an der Schaufel – drückt das zusammengepresste Öl einen Zylinder auseinander. Die Kraft, die an einem Ende angewandt wird, wird also durch das Öl an ein ganz anderes Ende übertragen. „Hydraulik“ nennt man dieses Prinzip.

CASE
1404

Warum drehen Uhrzeiger von links nach rechts?

Zu den ältesten Uhren der Menscheit gehören Sonnenuhren. Wenn du den Schatten, den die Sonne im Laufe des Tages auf diese Uhren wirft, beobachtest, wirst du feststellen: Der Schatten wandert im Kreis, und zwar rechts herum, wie auch die Sonne wandert.

Die ersten mechanischen Räderuhren, vor knapp 700 Jahren gebaut, sollten die Sonnenuhren nachahmen. Daher ließen die Erbauer dieser Uhren die Zeiger auch in dieser Richtung wandern. Denn daran hatten sich schon alle Leute gewöhnt. Und deswegen laufen unsere Uhren heute noch rechts herum – eben im (Sonnen-)Uhrzeigersinn.

Wie gehen Astronauten im Weltall aufs Klo?

Ein Astronautenklo funktioniert fast wie ein Staubsauger, mit dem man Flüssigkeiten absaugen kann. Der Staubsauger ersetzt im Weltall die fehlende Schwerkraft: Er zieht alles, was die Astronauten ins Klo machen, nach unten. Außerdem hat das Weltallklo auch Haken. Damit muss sich der Astronaut festklemmen, damit er nicht wegfliegt. Erst dann wird der Auffang-Behälter unter dem Astronauten geöffnet und der Luftstrom eingeschaltet. Das ist ziemlich kalt am Po und sehr gewöhnungsbedürftig!
Das Loch in dem Astronautenklo hat nur die Größe eines Bierdeckels. Deshalb müssen die Astronauten den Gang zur Toilette hier auf der Erde vorher richtig üben.

Wenn Astronauten mal Pipi machen müssen, machen sie in ein Auffang-Röhrchen. Der Urin geht dann durch einen Schlauch direkt in den „Staubsauger".

Übrigens:
Alles, was der Staubsauger gesammelt hat, nehmen die Astronauten wieder mit zurück zur Erde.

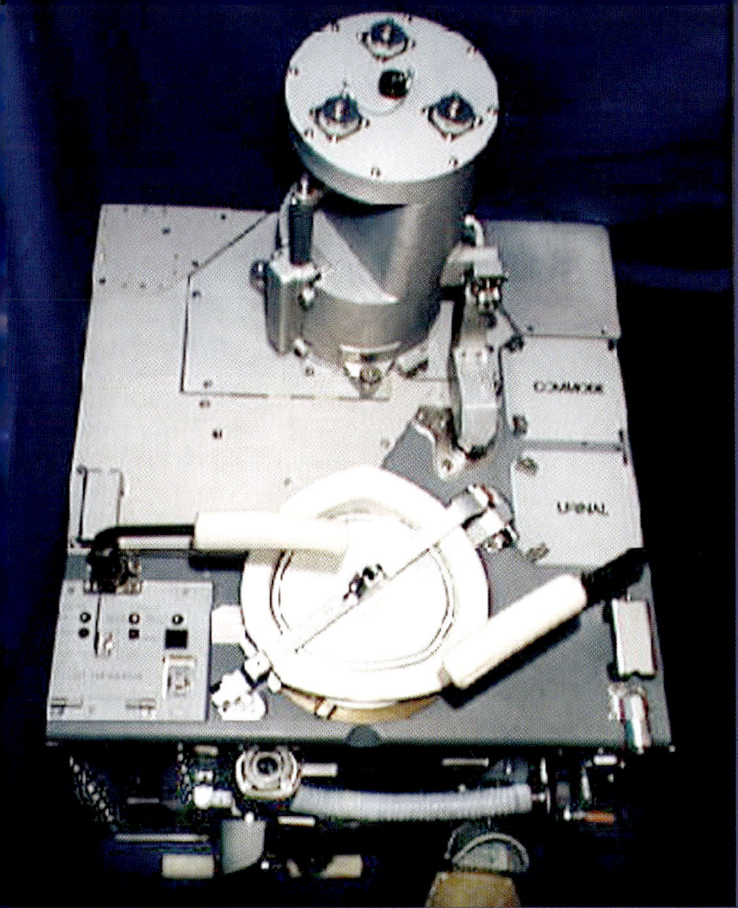

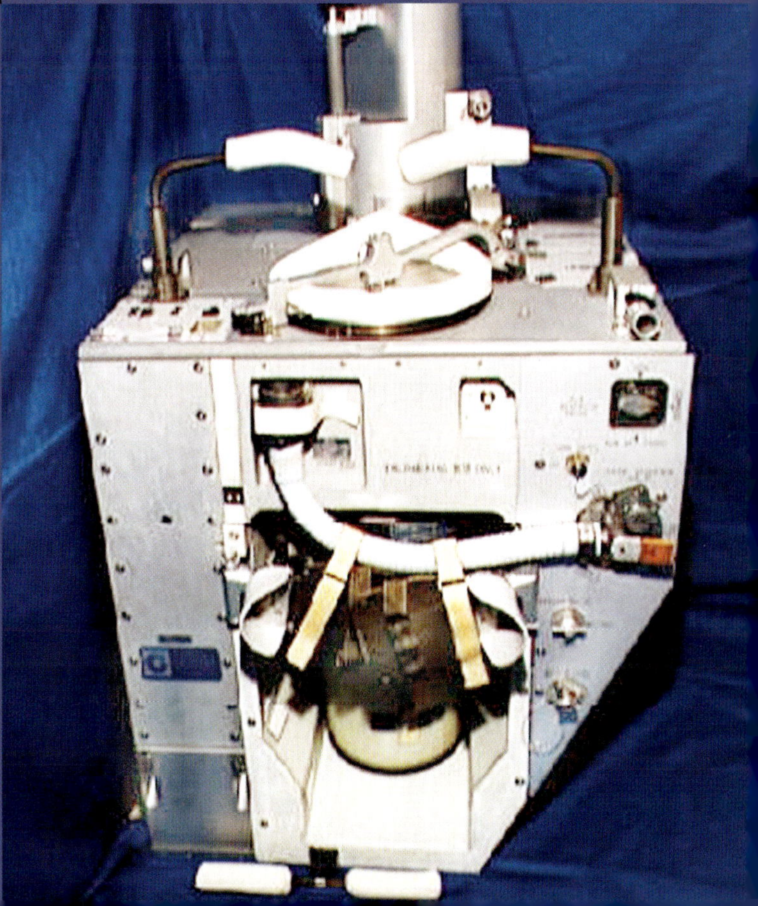

Warum lässt Hefe den Teig größer werden?

Schau dir einmal eine Scheibe Brot genauer an oder schneide einen gerade gegangenen Hefeteig mit einem Messer durch. Siehst du die ganzen Luftblasen, die im Brot oder im Teig sind? Diese Luftblasen sind durch Hefe entstanden. Denn Hefe ist lebendig. Hefe ist ein Pilz und ernährt sich von Zucker.

Wenn die Hefe den Zucker aufisst, bildet sie dabei ein Gas namens Kohlendioxid. Da das Gas nicht aus dem Teig entweichen kann, bilden sich Luftblasen. Beim Backen im Backofen wird die Hefe zerstört. Aber die Luftblasen, die bleiben und machen das Brot oder den Hefezopf so locker!

Diosna

Wo ist die Musik auf der CD?

Die Technik, Musik auf CD zu speichern, ist noch recht jung. Erst seit Anfang der 80er Jahre gibt es die kleinen Silberscheiben. Auf einer CD werden die Schallwellen „digital“ gespeichert – das heißt: als Zahlen. Jede Schall-Welle wird in viele einzelne Streifen zerlegt – und jeder Streifen wird in seiner Höhe gemessen. Ein Schallwellen-Berg ist so zum Beispiel aus den Zahlen 1 2 3 4 5 5 4 3 2 1 aufgebaut.
Eine CD besteht aus einer einzigen langen Spiral-Spur. Diese ist insgesamt über acht Kilometer lang! Auf der Spirale liegen winzig kleine Kästchen hintereinander. Für jeden Streifen des Wellenbergs ein Kasten. Die Kästchen sind immer so lang wie der Streifen hoch ist: „Einser“-Kästchen sind also ganz kurz, „Fünfer“-Kästchen deutlich länger. Über den Kästchen ist eine Lack-Schutzschicht, damit sie nicht zerkratzt werden.
Ein Laserstrahl tastet diese Spur ab und sagt dem CD-Spieler, wie lang die jeweiligen Kästchen sind. Und der CD-Spieler baut aus den Zahlenangaben wieder Schallwellen, die du dann hören kannst.

Wie funktioniert Sonnencreme?

Sonnenlicht kann deine Haut verbrennen. Denn Sonnenlicht hat eine große Brennkraft.
Sonnencremes schützen auf zwei Arten: Entweder sie enthalten winzige Teilchen, die sich als dünne Schicht über die Haut legen und nur wenig Licht durchlassen.
Oder sie bestehen aus einem Stoff, der die meiste Brennkraft der Sonne einfach verbraucht. Bis die Sonnenstrahlen dann zu deiner Haut kommen, sind sie ganz schwach.
In beiden Fällen schützen die Cremes nur eine Zeit lang, dann heißt es: Raus aus der Sonne!

PARAGUAY

Was stinkt an der Landstraße?

Manchmal, wenn man über die Landstraße fährt, steigt von den Feldern ein sehr strenger Geruch in die Nase. Meist ist das Gülle, eine Mischung aus Kot, Urin und altem Einstreu der Stalltiere: flüssiger Mist. Flüssigmist wird aus der Güllegrube gepumpt. Tankwagen verspritzen ihn dann über die Felder.

Fester Mist, der kaum Harn enthält, riecht nicht so streng. Er wird vom Misthaufen aufgeladen und mit einem Miststreuer auf die Felder verteilt.

Gülle

Mist

Wie kommt die Marmelade in den Berliner?

Wenn ein Bäcker Berliner oder Krapfen, wie sie auch heißen, macht, formt er zunächst Kugeln aus Hefeteig. Diese werden dann auf jeder Seite drei Minuten in einem heißen Fettbad gebacken. Nachdem beide Seiten gebacken sind, bleibt in der Mitte ein heller Streifen.
Jetzt erst wird der Berliner mit Marmelade gefüllt. Dazu wird eine Marmeladenspritze in den hellen Streifen am Berliner gesteckt und die Maschine gibt einen Klecks Konfitüre in den Krapfen.

Übrigens:
Je nachdem, wie tief die Spritze in den Berliner gesteckt wurde, sitzt die Marmelade genau in der Mitte oder etwas am Rand. Die Einspritzstelle kannst du in dem hellen Streifen erkennen!

Warum ist Feuerwerk bunt?

Feuerwerk enthält verschiedene Sorten Schwarzpulver – auch Schießpulver genannt, heute meist so genanntes „Kaliumperchlorat“. Das Pulver ist so in den Feuerwerkskörper eingebaut, dass alles wie durch ein Kanonenrohr nach oben hinaus in den Himmel schießt.

Wenn das Feuerwerk aber nur aus Kaliumperchlorat bestehen würde, wäre alles orange. Deswegen mischt man noch eine Leuchtladung dazu. Sie besteht aus verschiedenen Metallpulvern. Strontium brennt zum Beispiel rot, Natrium gelb und Barium grün.

Wie hämmert ein Presslufthammer?

Die wichtigsten Teile des Presslufthammers sind in einer Röhre übereinander gebaut. Unten ist der Meißel mit einer Stahlfeder. Auf dem Meißel ist der Amboss befestigt. In der Mitte der Röhre bewegt sich ein Kolben. Wenn der Presslufthammer betätigt wird, strömt über einen Schlauch Druckluft unterhalb des Kolbens in die Röhre. Sie schiebt den Kolben nach oben. Dadurch wird die Luft oberhalb des Kolbens ganz fest zusammengepresst. Stell dir vor, oben in der Röhre würde ein Luftballon zusammengepresst!

Sofort schaltet ein kleines Ventil die Druckluft um. Sie fließt nun oben in die Röhre hinein. Die zusammengepresste Luft darf sich jetzt ausdehnen und jagt zusammen mit der Druckluft den Kolben mit riesigem Druck nach unten. Dieser fällt mit Schwung wie ein Hammer auf den Amboss. Und der Meißel wird durch den Stoß in den Boden geschlagen. Dann beginnt das Ganze von vorne – viele Male in der Sekunde.

BOSCH
108

Wie sahen die Küchen auf der Burg aus?

Auf einer Burg war die Küche meist weit weg vom Speisesaal und dem Wohnbereich, fast im Freien. Denn die Brandgefahr durch das offene Feuer war groß. Leider war das Essen dann nicht mehr sehr heiß, wenn es endlich am Tisch ankam.

In der Küche gab es einen Schrank mit zwei großen Fächern. Wenn die Flüsse zugefroren waren, wurde das Eis geholt und oben in den Schrank gelegt. Die kalte Luft strömte nach unten. Dort lagerte das Essen und wurde gekühlt – ein Kühlschrank!

Warum sind manche Eier braun und andere weiß?

Es gibt viele Experten, die zu erklären versuchen, welche Hennen braune und welche Hennen weiße Eier legen. Sicher ist eines: Es hängt von der Rasse des Legehuhns ab.
Je nach Rasse legen die Hühner entweder immer weiße Eier oder immer braune Eier!
Manche Experten sagen, dass Hühner mit roten Ohrläppchen braune Eier legen, Hennen mit weißen Ohrläppchen weiße Eier.
Das stimmt aber nur für die wenigen Rassen, die in Legebatterien gehalten werden.
Auf Höfen, auf denen die Hühner frei herumlaufen dürfen, werden viele verschiedene Rassen gehalten.
Und hier stimmt die Regel nicht mehr.
Es gibt also kein eindeutiges Merkmal am Huhn, an dem man sicher erkennen kann, wie das gelegte Ei aussehen wird!

Warum brennen Glühbirnen – und wann brennen sie durch?

In der Glühbirne ist eine kleine Drahtspirale, die Glühwendel genannt wird. Wenn Strom durch diesen Draht fließt, wird er sehr heiß, fast 2500 Grad! Er glüht und beginnt daher zu leuchten. Eigentlich müsste der Draht dabei auch brennen. Aber in einer Glühbirne ist keine Luft, sondern ein spezielles Gas, zum Beispiel Halogen. Oder die Birne ist völlig luftleer. Und ohne den Sauerstoff aus der Luft glüht der Draht nur und kann nicht verbrennen.
Trotzdem brennen die Glühbirnen manchmal nach vielen Stunden durch. Das liegt an dem Material, aus dem der Glühwendel besteht. Es ist Wolfram. Wolfram lässt sich besonders hoch erhitzen. Aber ein klein wenig Wolfram verdampft bei dieser Hitze doch. Nach vielen, vielen Stunden wird daher der Wolframfaden immer dünner. Und irgendwann ist er so dünn, dass er reißt – und die Glühbirne ist kaputt.

Wie spritzt die Wasserspritze?

Fülle ein Glas halb voll mit Wasser. Nun stellst du einen Strohhalm hinein. Mache einen Schnitt in den oberen Teil des Strohhalms und knicke ihn dort um – so, wie auf der Zeichnung zu sehen ist. Nun puste durch den Strohhalm. Was passiert? Weil du oben am Knick Luft wegpustest, entsteht dort ein Unterdruck. Sofort schiebt sich von unten Wasser in den Strohhalm hinein bis zum Knick. Dort trifft das Wasser auf deine Puste und wird versprüht! Genau so funktionieren auch Spritzpistolen und Wasserspritzen. Nur dass du hier nicht pusten musst – sondern den Luftstrom mit einem Hebel auslöst.

Wie kommen die Löcher in den Käse?

Wenn Käse reift, werden Eiweiß und Milchzucker umgebaut. Das geschieht durch Bakterien. Die Bakterien fressen den Milchzucker und das Eiweiß. Dabei entsteht das Gas Kohlendioxid – die Bakterien „pupsen“ sozusagen.
Kohlendioxid ist das gleiche Gas, das die Bläschen in der Cola verursacht. Bei Flüssigkeiten wie Cola können die Gasbläschen nach oben steigen. Aber im Käse bleiben die Gasbläschen stecken, denn er ist zu fest.
Und so drücken die Gasbläschen im Käse herum und bilden dabei, wenn sie sich treffen, immer größere Löcher. Erst wenn der gesamte Milchzucker aufgegessen ist, herrscht endlich Ruhe im Käse und die Löcher werden nicht mehr größer.
Und damit ist auch klar, warum in weichem Käse keine Löcher sind – denn durch weichen Käse kann das Kohlendioxid hindurch.

Warum saugt ein Staubsauger?

Einen Staubsauger kannst du mit einem Strohhalm vergleichen. Wenn du an einem Strohhalm saugst, entsteht am oberen Rand ein Unterdruck. Dadurch wird der Saft im Glas nach oben in deinen Mund gedrückt. Nach dem gleichen Prinzip funktioniert ein Staubsauger. Der Strohhalm ist das lange Rohr. Das Saugen wird durch einen Ventilator im Staubsauger erzeugt. Weil der Ventilator die Luft aus dem Staubsauger hinausbläst, entsteht hinter dem Ventilator im Staubsauger ein Unterdruck. Sofort drückt neue Luft von vorne in das Staubsaugerrohr hinein – und schiebt dabei den ganzen Staub aus der Nähe mit hinein. Im Staubsauger ist am Ende des Rohrs ein Staubbeutel. Die Luft kann durch den Beutel hindurch und wird vom Ventilator wieder hinausgeblasen. Der Staub aber bleibt im Beutel hängen!

VORWERK

Wie sieht ein Bett im Weltall aus?

Da es keine Schwerkraft gibt, können sich Astronauten zum Schlafen nicht in ein Bett legen. Sie ziehen sich in einen Schlafsack zurück. Dieser Sack hat vorne einen Reißverschluss und am Rand zwei Löcher für die Arme. Er ist an einer Wand festgebunden. Der Schlafsack ist nicht als Kuschelplatz gedacht, sondern ist nötig, damit die Astronauten beim Schlafen nicht durch die Station fliegen. Damit sie trotzdem das Gefühl haben, auf einem Bett zu schlafen, binden sie sich manchmal die Füße und den Kopf fest – denn für manche Astronauten ist nichts unangenehmer als ein Kopf, der beim Schlafen herumbaumelt.

Wichtig ist auch ein Ventilator neben dem Kopf. Dieser sorgt dafür, dass die ausgeatmete Luft weggeblasen wird und frische Luft zum Atmen da ist. Denn ohne die Schwerkraft steigt die ausgeatmete warme Luft nicht nach oben. Und es strömt keine frische Luft nach. Daher besteht die Gefahr, dass die Astronauten beim Schlafen an dem ausgeatmeten Kohlendioxid ersticken.

CO_2 ABSORBER
MD52M
MF57O

Wie entstehen Kartoffelchips?

Kartoffelchips werden aus Kartoffeln gemacht. Hier im „funny-frisch-Werk“ werden die Kartoffeln gewaschen, geschält und nochmal gewaschen. Dann wandern sie in eine große Maschine, werden dort in ganz dünne Scheiben geschnitten und anschließend in einer riesigen Fritteuse frittiert. Weil die Kartoffelscheiben beim Frittieren Wasser verlieren, ziehen sie sich zusammen und wellen sich. So entsteht die „krumme“ Form der Chips.
Die frittierten Chips werden sorgfältig kontrolliert, dabei werden Chips mit Fehlern (z. B. schwarzen Flecken oder zu dunkle Chips) aussortiert. In großen Gewürztrommeln kommt die Gewürzmischung dazu. Anschließend werden die Chips noch einmal genau kontrolliert, in Tüten abgepackt und kommen so ins Geschäft.

Übrigens:
Für ein Kilogramm Chips braucht man etwa vier Kilogramm Kartoffeln.

Was ist ein Theodolit?

Bevor die großen Maschinen auf ein Baugrundstück rollen, stehen dort oft Ingenieure mit einem solchen merkwürdigen Apparat. Das ist ein Theodolit. Er besteht im Wesentlichen aus einem Messfernrohr, das sich nach oben, unten und zur Seite schwenken lässt. Im Fernrohr ist ein Fadenkreuz zu sehen und eine Messskala.
Der Vermesser kann damit durch mathematische Berechnungen ganz genau Entfernungen und Höhen messen. So kann er zum Beispiel Grundstücksgrenzen berechnen, den Verlauf von Häuserwänden festlegen und vieles mehr.

Übrigens:
Es gibt noch ein ähnliches Messgerät, das Nivelliergerät. Damit lassen sich aber nur Höhen vermessen. Dazu steht meist ein zweiter Mitarbeiter mit einer Messlatte bereit. Sicher unterscheiden kannst du die beiden Messgeräte daran, dass das Fernrohr beim Nivelliergerät immer genau waagerecht steht und sich nicht kippen lässt.

Ein Vermessungspunkt

Wie gelangen die Worte durch schnurlose Telefone?

In einem Telefon steckt ein Mikrofon. Es wandelt die Schallwellen von deinen Worten in elektrische Wellen um (das kannst du auf Seite 8 nachlesen). Diese Stromwellen werden wieder umgewandelt – in so genannte Funkwellen. Dein Telefonhörer schickt diese Funkwellen ab. An der Telefonbasis ist eine Antenne. Diese fängt die Funkwellen auf, wandelt sie in elektrischen Strom um. Der Strom fließt durch die Telefonleitung zur Vermittlungsstelle einer Telefongesellschaft. Diese schickt den Strom zu dem gewünschten Empfänger. An der Telefonbasis dort wird der Strom wieder zu Funkwellen umgewandelt. Der Hörer fängt die Funkwellen auf, wandelt sie zuerst in elektrische Wellen um und am Lautsprecher wieder zu Tönen – deinen Worten!

Übrigens:
Handys funktionieren im Prinzip genauso. Nur dass die Telefonbasis nicht im eigenen Haus steht, sondern in Form einer großen Mobilfunkantenne irgendwo in der Landschaft!

Warum lässt sich Geschenkband kräuseln?

Du nimmst eine Schere, streichst sie fest an einem Geschenkband entlang und schon kräuselt es sich. Die Physiker nennen das „Materialverschiebung". Was heißt das?
Unter einem Mikroskop kann man sehen, was sich verändert hat. Auf der Seite, über die du gestrichen hast, sieht es nun aus wie auf einem Hausdach: Lauter Dachziegel, die sich überlappen. Mit der Schere hast du hier alles wie Schuppen zusammengeschoben. Auf dieser Seite ist plötzlich weniger Platz. Die andere Seite muss sich daher dehnen. Dort sieht es genau andersherum aus: Die „Ziegel" liegen alle nebeneinander, sogar mit Lücken dazwischen.
Zwischen den beiden Seiten entsteht eine Spannung – und das Band biegt und kräuselt sich dadurch.

Ein Experiment:
Diese „Materialverschiebung" kannst du selbst an dir beobachten. Stecke dein T-Shirt stramm in die Hose. Dann beugst du dich nach vorne. Was siehst du? An deinem Bauch hängt das T-Shirt nun in Falten – das sind die ineinander verschobenen „Dachziegel". Und an deinem Rücken hat das T-Shirt sich so gedehnt, dass es vielleicht sogar ein bisschen aus der Hose gerutscht ist!

Warum müssen wir beim Zwiebelschälen weinen?

Zwiebeln enthalten besondere Stoffe, so genannte ätherische Öle. Wenn du eine Zwiebel aufschneidest, werden diese Öle als ganz, ganz winzige Tröpfchen frei. Diese kleinen und stark riechenden Zwiebeltröpfchen fliegen dann durch die Luft und in deine Augen. Sofort produzieren deine Augen Tränenwasser, um diese Zwiebeltröpfchen wieder herauszuspülen. Und schon kullern die Tränen.

Wo kaufte der Ritter seine Rüstung?

Eine Ritterrüstung gab es „von der Stange“ bei einem der fahrenden Händler oder beim Schmied. Solche Rüstungen minderer Qualität wurden überall hergestellt und repariert. Man konnte sich die Rüstung aber auch genau nach Maß anfertigen lassen. Die besten dieser Rüstungsmacher saßen in Italien (z. B. Mailand) oder Süddeutschland (Augsburg oder Nürnberg). Wohlhabende Ritter aus England oder Frankreich schickten ihre Aufträge mit genauen Maßangaben dorthin. Repariert hat die Rüstung dann der Burgschmied.

Übrigens:
Eine Rüstung kostete umgerechnet 80 000 Euro – so viel wie zwei Autos der Oberklasse. Das konnten sich also nur Edelleute leisten.

Wozu braucht man Egge und Pflug?

Der Pflug ist eine sehr alte Erfindung. Der Boden wird durch das Pflügen lockerer und nimmt leichter Wasser auf. Früher war es nur eine Astgabel, die von Menschen gezogen wurde. Mit dieser Astgabel wurde der Boden aufgebrochen, gewendet, vermischt und krümelig gemacht.

Heute zieht der Bauer natürlich nicht mehr von Hand eine einzelne hölzerne Pflugschar über den Boden. Heute hängen an einem Traktor viele Pflugscharen aus Eisen.

Eggen sind Geräte zur leichten Bodenbearbeitung. Sie werden hinter dem Pflug hergezogen. So ebnen sie das gepflügte Feld. Außerdem arbeiten sie Pflanzenreste oder Düngemittel in den Boden ein.

Warum sind nasse Sachen dunkler als trockene?

Stell dir vor, Licht trifft auf ein Stück Stoff. Wenn der Stoff schwarz ist, verschluckt er einfach alles Licht. Und kein Licht wird mehr zu dir zurückgestrahlt. Du siehst „schwarz“. Je heller eine Farbe ist, desto weniger Licht verschluckt sie. Wenn alles Licht von dem Stoff zu dir zurückgeworfen wird, erscheint dir die Farbe weiß.
Nun trägst du zum Beispiel ein hellblaues T-Shirt. Kaum kommt Wasser darauf, sieht diese Stelle viel dunkler aus. Wie kommt das?
Auch Wasser verschluckt Licht! Wenn also Licht auf ein nasses Stück Stoff fällt, wird ein Teil des Lichtes vom Wasser festgehalten. Und es kommt weniger Licht zu deinem Auge zurück. Je weniger Licht zu dir kommt, desto dunkler sieht diese Stelle aus!

Ein Experiment:
Du kannst beweisen, dass schwarze Farbe Licht schluckt: Lege ein weißes und ein schwarzes Stück Stoff nebeneinander in die Sonne. Nach kurzer Zeit wirst du feststellen, dass der schwarze Stoff viel wärmer ist als der weiße. Denn Licht bedeutet auch Wärme. Der schwarze Stoff hat so viel Licht geschluckt, dass er dabei ganz warm wurde!

Was fließt durch die Leitungen?

Wenn neue Wohngebiete angelegt werden oder eine neue Straße gebaut wird, müssen auch Leitungen neu verlegt werden. Woran kann man sicher erkennen, was durch welche Leitung fließt?
Blaue Leitungen (oder schwarze mit blauem Streifen) sind Wasserleitungen, durch gelbe oder orange Leitungen strömt Gas. In den schwarzen Rohren mit einem Telefonhörer darauf liegen die Kabel der Post. Das sind die Telefonleitungen und die Leitungen für das Kabelfernsehen. Elektrische Leitungen sind rot oder blau, je nachdem, ob es eine Hochspannungsleitung oder eine Niederspannungsleitung ist.

Übrigens:
An der Dicke der Leitung kann man sehen, wie viele einzelne Häuser eine solche Leitung versorgen muss: In Hauptstraßen liegen die dicksten Leitungen, denn von hier aus werden alle einzelnen Häuser entlang der Seitenstraßen versorgt. Hauptleitungen können bis zu 80 Zentimeter dick sein, bei sehr großen Städten sogar noch breiter. In die einzelnen Häuser zweigen dünnere Leitungen von ungefähr zwei bis acht Zentimetern Durchmesser ab.

Warum schneiden Messer?

Betrachte einmal eine Styropor-Platte genauer. Sie besteht aus lauter zusammengepressten Kügelchen. Wenn du durch diese Platte schneidest, trennst du die Kügelchen voneinander.
Eigentlich sind alle Dinge auf dieser Welt wie Styropor aus winzigen Kügelchen aufgebaut. Nur sind diese Kügelchen so klein, dass du sie selbst mit dem stärksten Mikroskop nicht sehen kannst. Bei festen, harten Gegenständen sind die Kügelchen ganz dicht gepackt, bei weicheren Gegenständen lockerer.
Wenn du eine Gurke durchschneidest, trennst du also die Mini-Gurkenkügelchen voneinander.
Je schärfer das Messer ist, desto besser passt es zwischen die winzigen Kügelchen – und desto leichter kannst du sie voneinander trennen.

Wie schließt der Reißverschluss?

Ein Reißverschluss besteht zunächst aus zwei Straßen mit Dutzenden von Zähnen. Jeder Zahn besteht aus einem Haken und einer Aushöhlung. Das Prinzip ist nun, dass jeder Haken in eine Aushöhlung auf der gegenüberliegenden Straße passt. Jeder Haken hat exakt die gleiche Größe – und jedes gegenüberliegende Loch auch.
Wenn du den Schieber zuziehst, schieben sich die zwei Reihen zusammen. Durch einen kleinen Keil im Schieber wird erreicht, dass zwei Zähne genau so weit auseinander gebogen werden, dass der Zahn von gegenüber hineinschlüpfen kann.

Um den Reißverschluss zu öffnen, rutscht der Schieber in die andere Richtung. Nun biegt ein anderer Keil wie ein Pflug die beiden Reihen auseinander. Nur auf diese Weise lässt sich ein Verschluss öffnen!

Warum fallen wir nicht aus dem Looping raus?

Stell dir vor, du sitzt in einem Karussell, das sich sehr schnell dreht. Der Schwung drückt dich fest in deinen Sitz. Gut so, denn sonst würdest du in hohem Bogen aus dem Karussell fliegen. Je schneller sich das Karussell dreht, desto größer ist die Kraft, mit der du in den Sitz gepresst wirst. Ein Looping ist nichts anderes als ein Karussell, das sich senkrecht dreht. Dabei ziehen zwei Kräfte an dir. Die Erdanziehung möchte dich natürlich nach unten auf den Boden ziehen. Aber die hohe Geschwindigkeit im Looping drückt dich fest in deinen Sitz. Und diese Kraft ist viel, viel stärker als die Erdanziehung und gewinnt das Duell. Weil sich also die Bahn immer schnell genug dreht, wirst du in den Sitz gedrückt. Und du kannst nie herausfallen!

Ein Experiment:
Fülle einen kleinen Eimer zu einem Viertel mit Wasser. Stelle dich ins Freie. Nun drehst du dich mit dem Eimer kräftig wie ein Karussell im Kreis herum. Kein Wasser fließt heraus. Als Nächstes schleuderst du das Wasser sogar über deinen Kopf! Auch jetzt fließt kein Wasser heraus. Denn die Geschwindigkeit, mit der du den Eimer schleuderst, drückt das Wasser fest in den Eimer …

Warum ist weiße Schokolade weiß?

Aus den Kakaobohnen wird durch Zerkleinern und Erhitzen Kakaomasse gewonnen. Sie besteht aus braunem Kakaopulver und gelber Kakaobutter. Damit daraus süße Schokolade entsteht, werden noch Milch, Zucker, zusätzliche Kakaobutter oder Sahne dazugegeben – je nachdem, ob eine Zartbitter-Schokolade oder eine Vollmilch-Schokolade entstehen soll.

Bei weißer Schokolade wird die Kakaomasse ganz am Anfang getrennt. Für weiße Schokolade nimmt man nur farblose Kakaobutter, kein Kakaopulver. Dann geht aber alles wie bei der braunen Schokolade weiter. Unter Schokoladenliebhabern ist umstritten, ob weiße Schokolade ohne Kakaopulver überhaupt „echte“ Schokolade ist. Egal, Hauptsache sie schmeckt!

Warum werden Glühbirnen heiß?

Licht und Wärme gehören bei menschlicher Technik immer zusammen. Schalte einmal (gemeinsam mit einem Erwachsenen!) eine Ceran-Kochplatte ein. Eigentlich soll sie nur heiß werden – aber sie beginnt auch, rot zu glühen!
Wenn etwas also heiß ist, beginnt es fast immer auch zu leuchten. Und umgekehrt gilt das Gleiche: Was leuchtet, wird auch immer warm – oder sogar richtig heiß! 95 Prozent der Kraft einer normalen Glühbirne wird für die Wärme gebraucht. Stell dir vor, du kaufst im Laden fünf Beutel Licht. Die bekommst du nur, wenn du gleichzeitig 95 Beutel Wärme kaufst! Ganz schön teuer das Licht, nicht wahr? Deswegen gibt es Energiesparlampen – sie brauchen nicht ganz so viel Wärme zum Leuchten.

Übrigens:
Die Natur macht viel besseres Licht als wir Menschen. Das Leuchten von Glühwürmchen zum Beispiel ist kalt! 90 Prozent ihrer Kraft wird fürs Leuchten ausgegeben, nur 10 Prozent verlieren sie dabei als Wärme. Forscher versuchen noch immer herauszufinden, wie die Tiere das machen.

Haben Astronauten am Wochenende frei?

Auf der Raumstation ist es sehr, sehr eng. Deshalb ist es wichtig, dass die Astronauten zwischendurch auch frei haben und einfach Dinge tun, die ihnen Spaß machen. Musizieren, Videos angucken oder einfach miteinander Spaß haben. Für die Astronauten, die mehrere Monate lang auf der ISS bleiben, ist das sogar besonders wichtig. Wie die meisten Menschen, die jeden Tag arbeiten, bekommen sie am Wochenende frei. Einer muss zwar immer aufpassen, dass an Bord alles richtig funktioniert. Die anderen haben aber Zeit zum Kartenspielen, sie lesen oder unterhalten sich per „Weltraumtelefon“ mit ihren Familien auf der Erde.

STBD
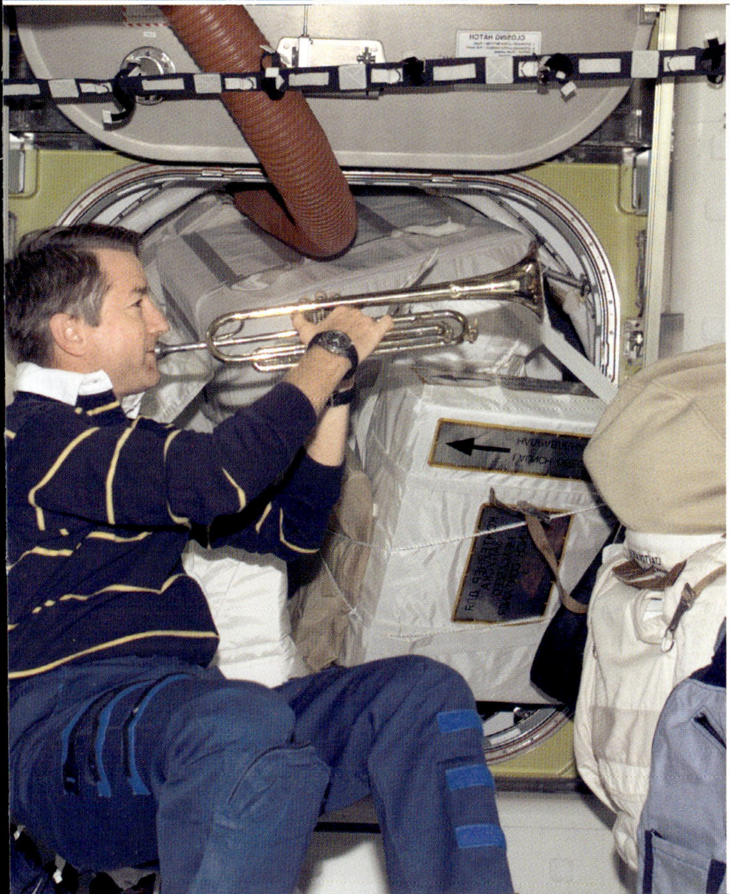

Warum fällt Brot immer auf die Marmeladenseite?

Es ist immer das Gleiche: Wenn dir das Marmeladenbrot aus Versehen herunterfällt, landet es garantiert auf der beschmierten Seite.
Und das kommt so:
Wenn das Brot vom Teller rutscht, hat es nicht besonders viel Schwung. Denn es hat nur einen leichten Schubs abbekommen. Das reicht gerade dafür, dass die Brotscheibe auf dem kurzen Weg zum Boden eine halbe Drehung machen kann. Und schon landet es auf dem „Gesicht".
Ganz anders würde der Sturz ausgehen, wenn der Tisch doppelt so hoch wäre. Auf dem längeren Weg hätte die Brotscheibe genug Zeit, sich einmal ganz herumzudrehen – und manchmal wieder mit der Marmalade nach oben zu landen.
Aber wer will schon an einem solch hohen Tisch sitzen?

Da gibt es nur eine Lösung. Wenn dir das Brot schon vom Tisch runterfällt, gib ihm einen zusätzlichen Schubs. Dann dreht es sich schneller – und die kurze Strecke reicht vielleicht für eine volle Drehung aus …?

Haben Ritter jeden Tag gebadet?

Die meisten Burgen standen auf einem Berg. Manche Burgbesitzer bohrten tiefe Brunnenlöcher nach unten, um das Wasser hochzuziehen. Andere holten das Wasser mit Eseln aus dem Tal. Bei so viel Arbeit war das Wasser zu kostbar, um es zum Baden zu verschwenden. Im Sommer badete man also im Fluss, um Läuse und Flöhe wegzuwaschen. Sonst ließ man das Baden lieber sein ...

Übrigens:
Zähne putzten sich die Ritter mit jungen Zweigen oder Kräutern.

Warum sind Seifenblasen rund?

Sobald Seifenblasen losfliegen, werden sie sofort kugelrund. Denn Seifenblasen sind bequem! Und die bequemste Form ist eine Kugel. Bei einer länglichen Form muss sich die Seifenhaut viel mehr strecken, um die Luft im Inneren festhalten zu können. Und das ist anstrengend. Also zieht sich die Seifenblase zu einer Kugel zusammen. Denn so kann sie die gleiche Menge Luft halten und muss sich nicht so strecken. Die Natur findet Kugeln ideal … und deswegen gibt es kugelige Beeren, Äpfel und vieles mehr! Aber auch die kugelrunde Seifenblase platzt irgendwann. Die Seifenflüssigkeit fließt am Rand der Kugel immer weiter nach unten. Das kannst du an den bunten Schlieren gut erkennen. Die Haut oben an der Seifenblase wird dabei immer dünner. Bis sie platzt. Plopp!

Ein Experiment:
Auch Luftballons sind bequem. Blase einen Luftballon ein wenig auf. Dann quetschst du ihn, bis er eine längliche Form hat. Wenn du ihn loslässt, zieht er sich wieder zu der bequemen Kugel zusammen.
Eine Ausnahme sind die langen Luftballons. Sie bleiben lang gezogen. Aber bequem finden sie es nicht. Und deswegen gehen sie auch schneller kaputt als ihre kugelrunden Verwandten.

Wie wird eine Straße gebaut?

Wenn die Autobahnmeisterei eine Straße neu aufarbeitet, reißt ein Bagger die alte Straße 60 Zentimeter tief auf. Die erste Schicht besteht dann aus einer 20 Zentimeter dicken Lage Kies. Darauf kippt ein Muldenkipper 20 Zentimeter nasses Mineralgemisch (eine Mischung aus Kalk, Steinen und Sand). Rüttler pressen diese nasse Mischung fest. Jetzt kommt die Tragschicht: 18 Zentimeter Asphalt. Dieser besteht aus Bitumen, einem Klebstoff aus Erdöl, und kleinen Steinen, Split genannt. Ganz zum Schluss (das ist auf dem Foto zu sehen) trägt ein Deckenfertiger die Fahrbahndecke auf. Sie ist nur vier Zentimeter dick. Auch sie besteht aus Split und Bitumen, aber in einer anderen Mischung als die Tragschicht. Walzen glätten zum Abschluss die neue Fahrbahn.

Übrigens:
Nicht immer wird eine alte Straße komplett neu gemacht. An manchen Autobahnbaustellen wird auch nur die Fahrbahndecke erneuert, weil die Laster zu tiefe Spuren eingegraben haben. Dann fräst eine Asphaltfräse die oberen vier Zentimeter ab und trägt eine neue Fahrbahndecke auf.

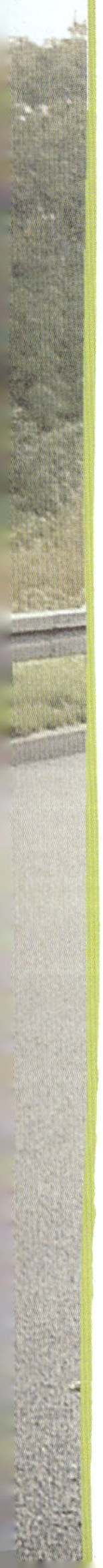

HAMM
ABG

Was Kinder wissen wollen

In der Reihe „Was Kinder wissen wollen“
sind bereits folgende Titel erschienen:

Was wäscht der Waschbär?

ISBN 3-89858-072-5

Woher kommen
Blitz und Donner?

ISBN 3-89858-073-3

Warum haben wir
zehn Zehen?

ISBN 3-89858-200-0

Wie spült die Klospülung?

ISBN 3-89858-257-4

Können Schmetterlinge
hören?

ISBN 3-89858-227-2

Was spuckt ein Vulkan?

ISBN 3-89858-228-0

Wo ist im Weltall
oben und unten?

ISBN 3-89858-237-X

Warum hat
ein Bagger Zähne?

ISBN 3-89858-283-3

Wie kommen die Streifen
in die Zahnpasta?
ISBN 3-89858-201-9

Hatten Dinos Karies?

ISBN 3-89858-239-6

Woher weiß der Toast,
wann er fertig ist?
ISBN 3-89858-240-X

Wie viele Höcker
hat ein Kamel?
ISBN 3-89858-256-6

Warum knallt
die Knallerbse?
ISBN 3-89858-238-8

Wie kommt der Ritter
in die Rüstung?
ISBN 3-89858-270-1

Wie macht die Kuh
die Milch?
ISBN 3-89858-269-8

Können Fische rülpsen?

ISBN 3-89858-282-5